essentials

Essentials liefern aktuelles Wissen in konzentrierter Form. Die Essenz dessen, worauf es als „State-of-the-Art" in der gegenwärtigen Fachdiskussion oder in der Praxis ankommt. Essentials informieren schnell, unkompliziert und verständlich

- als Einführung in ein aktuelles Thema aus Ihrem Fachgebiet
- als Einstieg in ein für Sie noch unbekanntes Themenfeld
- als Einblick, um zum Thema mitreden zu können.

Die Bücher in elektronischer und gedruckter Form bringen das Expertenwissen von Springer-Fachautoren kompakt zur Darstellung. Sie sind besonders für die Nutzung als eBook auf Tablet-PCs, eBook-Readern und Smartphones geeignet.

Essentials: Wissensbausteine aus den Wirtschafts, Sozial- und Geisteswissenschaften, aus Technik und Naturwissenschaften sowie aus Medizin, Psychologie und Gesundheitsberufen. Von renommierten Autoren aller Springer-Verlagsmarken.

Weitere Bände in dieser Reihe
http://www.springer.com/series/13088

Reiner Thiele

Design eines Faraday-Effekt-Stromsensors

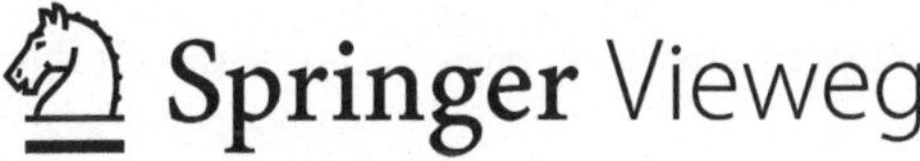
Springer Vieweg

Prof. Dr. Reiner Thiele
Zittau
Deutschland

Unter Mitwirkung von
Dipl.-Ing (FH) Andreas Israel
Dipl.-Ing. (FH) Andreas Pohl
Dipl.-Ing. Christian Winkler

ISSN 2197-6708 ISSN 2197-6716 (electronic)
essentials
ISBN 978-3-658-10097-1 ISBN 978-3-658-10098-8 (eBook)
DOI 10.1007/978-3-658-10098-8

Die Deutsche Nationalbibliothek verzeichnet diese Publikation in der Deutschen Nationalbibliografie; detaillierte bibliografische Daten sind im Internet über http://dnb.d-nb.de abrufbar.

Springer Vieweg

Gedruckt auf säurefreiem und chlorfrei gebleichtem Papier

Springer Fachmedien Wiesbaden ist Teil der Fachverlagsgruppe Springer Science+Business Media
(www.springer.com)

Was sie in diesem Essential finden können

- Design eines Faraday-Effekt-Stromsensors
- Dimensionierungsbeispiele für die optischen und elektronischen Sensorkomponenten
- Aufbau der Sensorelemente zur Erfassung der Messgröße
- Messwertbildung als Lösungen homogener Riccati-Differentialgleichungen

Vorwort

Im Rahmen des Forschungsthemas „Faraday-Effekt-Stromsensor – neue Generation“ wird hier ein Ausführungsbeispiel eines erfindungsgemäßen Faraday-Effekt-Stromsensors mit dem Ziel beschrieben, das Interesse an unserem Verfahren zur Messung elektrischer Ströme, mit den wesentlichen Anwendungsfeldern in der Galvanik oder Elektroenergieversorgung als Alternative zum Einsatz herkömmlicher Stromwandler, zu wecken.

Der Autor sucht potenzielle Applikatoren für dieses Ausführungsbeispiel eines Faraday-Effekt-Stromsensors.

Inhaltsverzeichnis

1 Einleitung

Ausgehend von der prinzipiellen Schaltungsanordnung eines Sensors zur potenzialgetrennten Messung elektrischer Ströme mit dem Faraday-Effekt in Lichtwellenleitern, wird dessen vollständiger Entwurf anhand hergeleiteter Parametergleichungen einschließlich praxisrelevanter Dimensionierungsbeispiele gezeigt.

Außerdem wird bewiesen, dass der für den Sensor funktionsbestimmende lineare Zusammenhang zwischen Messgröße und Messwert der Lösung einer speziellen Riccati-Differenzialgleichung entspricht.

Es gelten die folgenden fünf Kernaussagen, die den Praxisnutzen deutlich machen:

- Messung hoher elektrischer Ströme ohne Eingriff in den Messgrößenkreis,
- Messung von Strömen beliebigen zeitlichen Verlaufes, insbesondere von Gleich- und Wechselströmen,
- potenzialgetrennte Messung der Ströme durch die Applikation von Lichtwellenleitern,
- linearer Zusammenhang zwischen Messgröße und Messwert,
- Messung des Anteils vieler Unter- und Oberschwingungen im Stromverlauf gegenüber 50 Hz.

R. Thiele, *Design eines Faraday-Effekt-Stromsensors,* essentials,
DOI 10.1007/978-3-658-10098-8_1

1.1 Schaltungsanordnung eines faseroptischen Stromsensors

Der im Abb. 1.1 dargestellte reflektierende faseroptische Stromsensor basiert auf der Polarisations-Ebenen-Drehung von in die LWL-Spulen (Windungszahlen N_1 bzw. N_0) eingekoppelten linear polarisierten Lichtes in Abhängigkeit des von der Messgröße „Strom i" verursachten Magnetfeldes. Diese Erscheinung der Polarisations-Ebenen-Drehung ist als Faraday-Effekt bekannt.

Dazu wird der Stromsensor bezüglich seines optischen Teils durch die elektrische Verschiebungsflussdichte $\vec{D}$, mit den entsprechenden Indizes an verschiedenen Orten des Sensors, für Licht als elektromagnetische Welle, beschrieben.

Das Ausgangssignal $\vec{D}_{in}$ einer amplituden- und polarisationsstabilisierten Laserdiode gelangt in den optischen Isolator mit der Jones-Matrix $\underline{I}$, der das Licht zur Vermeidung von auf die Laserdiode rückwirkenden Lichtes, nur in der angegebenen Pfeilrichtung durchlässt. Das Ausgangssignal $\vec{D}_I$ des Isolators wird dem linearen Polarisator mit der Jones-Matrix $\underline{P}_1$ zur Herstellung einer definierten linearen Polarisation als Eingangssignal $\vec{D}_2$ des optischen Kopplers mit den Transmissionen $\frac{1}{\sqrt{2}}$ und $j\frac{1}{\sqrt{2}}\left(j=\sqrt{-1}\right)$ zugeführt. Die Ausgangssignale $\vec{D}_{3in}$ und $\vec{D}_{4in}$ des Kopplers stellen die Eingangssignale für die Sensorelemente, ausgeführt als LWL-Spulen, dar. Aufgrund der Verkopplung der LWL-Spulen mit dem elek-

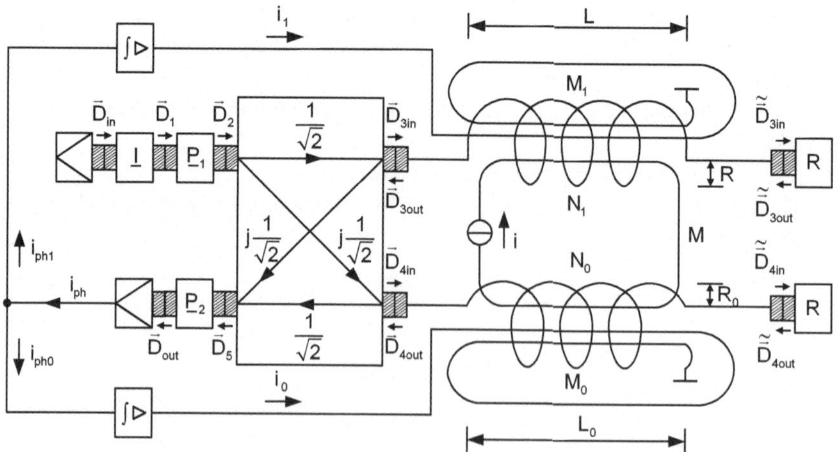

Abb. 1.1 Reflektierender Faraday-Effekt-Stromsensor als Gesamtdarstellung

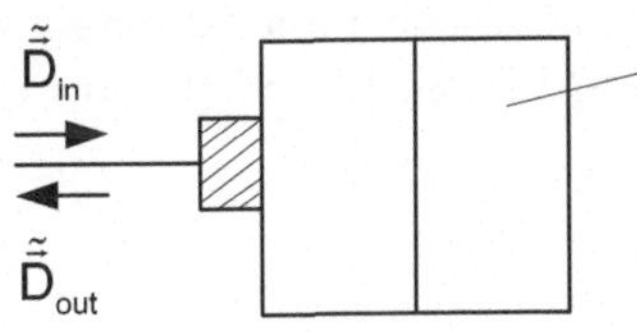

Spiegelebene orthogonal zu den Ausbreitungsrichtungen von einlaufender Welle $\tilde{\vec{D}}_{in}$ und auslaufender Welle $\tilde{\vec{D}}_{out}$ am Spiegel

$$\tilde{\vec{D}}_{out} = \underline{R}\,\tilde{\vec{D}}_{in} = \begin{pmatrix} 0 & -1 \\ 1 & 0 \end{pmatrix} \tilde{\vec{D}}_{in}$$

Abb. 1.2 Faraday-Rotator-Mirror

trischen Messgrößenkreis (Stromquelle i und Windungszahl M = 1) wird jeweils die Polarisationsebene in Abhängigkeit des Stromes i in den LWL's sowohl in Vorwärts-Richtung bis hin zu den Faraday-Rotator-Mirrors (Signale $\tilde{\vec{D}}_{3in}$ bzw. $\vec{D}_{4in}$) als auch in Rückwärtsrichtung ($\tilde{\vec{D}}_{3out}$ und $\tilde{\vec{D}}_{4out}$ als Eingangssignale sowie $\vec{D}_{3out}$ und $\vec{D}_{4out}$ als Ausgangssignale der LWL-Spulen) weitergedreht. Die Jones-Matrix $\underline{R}$ der 90°-Faraday-Rotator-Mirrors entnehmen Sie bitte Abb. 1.2.

$\vec{D}_{3out}$ und $\vec{D}_{4out}$ nach Abb. 1.1 stellen die Eingangssignale für den Betrieb des optischen Kopplers in Rückwärts-Richtung entsprechend den angegebenen Pfeilen dar, die das Ausgangssignal $\vec{D}_5$ als die mit den Transmissionen des Kopplers gewichtete Überlagerung der Eingangssignale bilden. Allgemein sind die Übertragungsrichtungen eines 3dB-Richtkopplers aus Abb. 1.3 zu entnehmen.

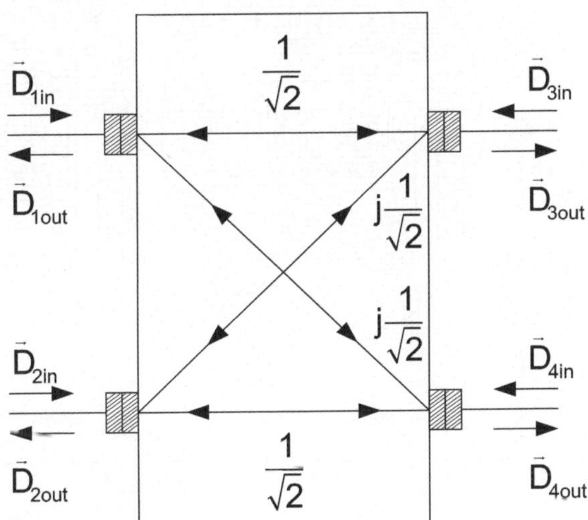

Abb. 1.3 Optischer Koppler mit eingetragenen Transmissionen

$\vec{D}_5$ stellt das Eingangssignal für den linearen Polarisator mit der Jones-Matrix $\underline{P}_2$ dar. Die beiden Polarisatoren mit den Jones-Matrizen $\underline{P}_1$ und $\underline{P}_2$ müssen dabei unbedingt die Orthogonalitätsbedingung

$$\underline{P}_2\,\underline{P}_1 = \underline{0} \tag{1.1}$$

mit $\underline{0}$ als Nullmatrix erfüllen, damit aus der dazwischen „angeordneten" Gesamt-Jones-Matrix $\underline{J}$ des Sensors bezüglich $\vec{D}_{in}$ als Eingangssignal und $\vec{D}_{out}$ als Ausgangssignal nach Abb. 1.1 das Element J_{21} ausgewählt wird, das u. A. die gesamten Faraday-Winkel α_1 und α_0 der LWL-Spulen linear enthält.

Die Photodiode wertet die Intensität $\vec{D}_{out}^{\,*}\;\vec{D}_{out}$ ('Transponierung, * konjugiert komplex) von $\vec{D}_{out}$ aus und liefert den Photostrom i_{ph}. Das Ausgangssignal der Photodiode i_{ph} wird an einem elektrischen Knotenpunkt in die Ströme i_{ph0} und i_{ph1} aufgeteilt, die die Eingangssignale für die integrierenden Stromverstärker mit den Messwerten i_0 und i_1 als deren Ausgangssignale bilden. Die Messwerte i_0 und i_1 stellen gleichzeitig die Regelgrößen für die beiden Regelkreise dar, die sich über die elektromagnetischen Spulen mit Windungszahlen M_0 und M_1 bezüglich deren Verkopplung mit den LWL-Spulen schließen (Abb. 1.4). Den konstruktiven Aufbau eines Spulenkörpers entnimmt man Abb. 1.5.

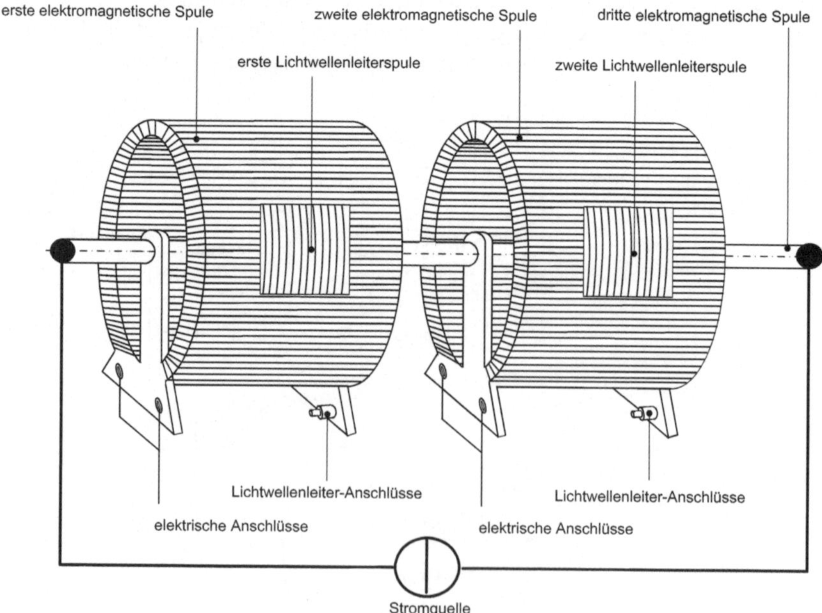

Abb. 1.4 Zusammengeführte Anordnung der Spulen

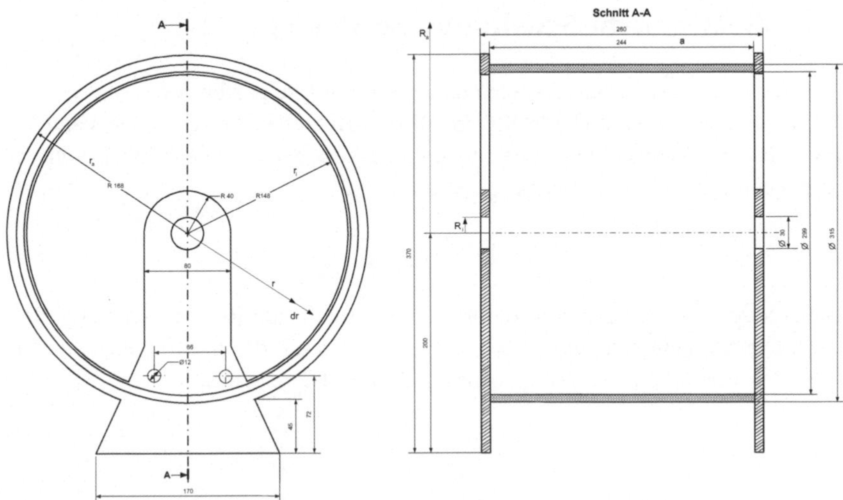

Abb. 1.5 Konstruktiver Aufbau eines Spulenkörpers

Bedingt durch diese Zusammenschaltung der optischen und elektrischen Komponenten ergibt sich folgender linearer Zusammenhang zwischen der Messgröße i und den Messwerten i_0 und i_1:

$$i_0 = \ddot{u}\, i + I_{0A} \tag{1.2}$$

$$i_1 = -\ddot{u}\, i + I_{1A} \tag{1.3}$$

Dabei stellt ü das Übersetzungsverhältnis mit

$$\ddot{u} = \frac{M}{M_0} = \frac{M}{M_1} \tag{1.4}$$

dar, und I_{0A} sowie I_{1A} sind die Ströme i_0 bzw. i_1 im Arbeitspunkt für i = 0.

Es bleibt zu bemerken, dass durch die Kompensation der gesamten Signal-Magnetfelder in den beiden LWL-Spulen die Faraday-Winkel der Aussteuerung $\alpha_{1\sim}$ und $\alpha_{0\sim}$ im eingeschwungenem Zustand verschwinden, d. h.

$$\alpha_{1\sim} = \alpha_{0\sim} = 0 \tag{1.5}$$

gilt.

1.2 Elektronische Schaltungsanordnung

Die vollständige elektronische Schaltungsanordnung zeigt Abb. 1.6.

Sie enthält eine Photodiode XR_1 im Dioden-Betrieb mit einem Widerstand R_{ph} zur Arbeitspunkteinstellung. Die Integratoren verarbeiten jeweils einen Teil der Aussteuerung des Photostromes $i_{ph\sim}$ entsprechend

$$i_{ph\sim} = i_{ph0} + i_{ph1} \tag{1.6}$$

Dabei sorgen die Integratoren dafür, dass die bleibende Regelabweichung Null wird. Die Ausgangsspannungen u_{10} und u_{11} werden mit den nachfolgenden invertierenden Verstärkern um den günstigen Faktor -100 verstärkt:

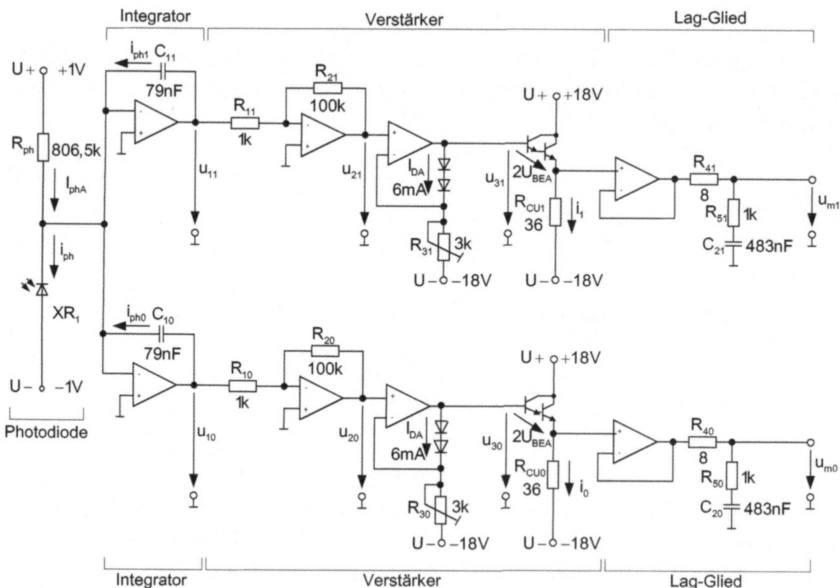

Abb. 1.6 Integrierende Stromverstärker zur Signalverarbeitung

$$u_{21} = -100\,u_{11} = -\frac{R_{21}}{R_{11}}\,u_{11} \tag{1.7}$$

$$u_{20} = -100\,u_{10} = -\frac{R_{20}}{R_{10}}\,u_{10} \tag{1.8}$$

Die folgenden Stufen dienen zur erfindungsgemäßen Arbeitspunkteinstellung der Darlington-Transistoren durch Potentialverschiebung um $2U_{BEA}$. An die Emitter der Darlington-Transistoren sind Spulen, repräsentiert durch ihre Kupferwiderstände R_{cuo} und R_{cu1}, angeschlossen. Die Lag-Glieder in Abb. 1.6 kompensieren den Einfluss der Gegeninduktivität M auf die Verfälschung der Messwerte u_{mo} und u_{m1}.

Theoretische Analyse 2

Die theoretische Analyse der Komponenten des erfindungsgemäßen faseroptischen Stromsensors hat deren Dimensionierung zum Ziel. Dazu werden die Komponenten einzeln betrachtet und zwar in der Reihenfolge, dass vorherige Dimensionierungen in nachfolgende einfließen können.

2.1 Spulen

2.1.1 Parametergleichungen

a) Magnetische Leitwerte

Ausgehend von Abb. 1.5 ergibt sich zunächst für den differenziellen magnetischen Leitwert im Messwertkreis durch „Homogenität im Kleinen":

$$d\,G_{m2} = \frac{\mu_o\,dA_\perp}{2\pi r}; \quad dA_\perp = a\,dr \tag{2.1}$$

und damit das Integral

$$G_{m2} = \frac{\mu_o\,a}{2\pi} \int_{r_i}^{r_a} \frac{dr}{r} \tag{2.2}$$

$$\underline{\underline{G_{m2} = \frac{\mu_o\,a}{2\pi}\,\ell n\,\frac{r_a}{r_i}}} \tag{2.3}$$

R. Thiele, *Design eines Faraday-Effekt-Stromsensors,* essentials,
DOI 10.1007/978-3-658-10098-8_2

Im Messgrößenkreis erhalten wir analog, mit c als Länge der Stromschiene und der Breite R_a - R_i der Leiterschleife, den magnetischen Leitwert

$$dG_{m1} = \frac{\mu_o \, dA_\perp}{2\pi r}, \quad dA_\perp = c dr \tag{2.4}$$

$$\rightarrow \quad G_{m1} = \frac{\mu_o \, c}{2\pi} \int_{R_i}^{R_a} \frac{dr}{r} \tag{2.5}$$

$$\rightarrow \quad \underline{\underline{G_{m1} = \frac{\mu_o \, c}{2\pi} \ell n \frac{R_a}{R_i}}} \tag{2.6}$$

b) Gegeninduktivität

Die Gegeninduktivitäten M_{12} und M_{21} zwischen den Stromkreisen 2 und 1 bzw. 1 und 2 (mit „1“ Messgrößenkreis und „2“ Messwertkreis) leitet man wie folgt her:

M_{12}: Durchflutung: $$\Theta_2 = M_0 \, I_2 \tag{2.7}$$

magnetischer Fluss: $$\Phi_2 = G_{m2} \, \Theta_2 \tag{2.8}$$

$$\Phi_2 = G_{m2} \, M_0 \, I_2 \tag{2.9}$$

primärer Hauptfluss: $$\Phi_{12} = k_2 \, \Phi_2 \tag{2.10}$$

$$\Phi_{12} = k_2 \, G_{m2} \, M_0 \, I_2 \tag{2.11}$$

Koppelfaktor: $$k_2 \approx 1 \tag{2.12}$$

verketteter Fluss: $$\Psi_{12} = M \, \Phi_{12}, \quad M = 1 \tag{2.13}$$

$$\Psi_{12} = M_0 \, G_{m2} \, I_2 \tag{2.14}$$

$$\Psi_{12} = M_{12} \, I_2 \tag{2.15}$$

Gegeninduktivität: $$M_{12} = M_0 \, G_{m2} \tag{2.16}$$

$$\underline{\underline{M_{12} = \frac{\mu_0 \, a \, M_0}{2\pi} \ell n \frac{r_a}{r_i}}} \tag{2.17}$$

M_{21} : Durchflutung : $$\Theta_1 = M\, I_1 \tag{2.18}$$

magnetischer Fluss : $$\Phi_1 = G_{m1}\, \Theta_1 \tag{2.19}$$

$$\Phi_1 = M\, G_{m1}\, I_1, \quad M = 1 \tag{2.20}$$

sekundärer Hauptfluss : $$\Phi_{21} = k_1\, \Phi_1\, I_1 \tag{2.21}$$

$$\Phi_{21} = k_1\, G_{m1}\, I_1 \tag{2.22}$$

$$\Phi_{21} = G_{m2}\, M_0\, I_2 \tag{2.23}$$

Messwert : $$I_2 = \frac{I_1}{M_0} = ü\, I_1 \tag{2.24}$$

Übersetzungsverhältnis : $$ü = \frac{1}{M_0} \tag{2.25}$$

Koppelfaktor : $$k_1 = \frac{G_{m2}}{G_{m1}} \tag{2.26}$$

$$k_1 = \frac{a}{c} \cdot \frac{\ell n \frac{r_a}{r_i}}{\ell n \frac{R_a}{R_i}} \tag{2.27}$$

verketteterFluss : $$\Psi_{21} = M_0\, \Phi_{21} \tag{2.28}$$

$$\Psi_{21} = M_0\, G_{m2}\, I_1 \tag{2.29}$$

$$\Psi_{21} = M_{21}\, I_1 \tag{2.30}$$

Gegeninduktivität : $$M_{21} = M_0\, G_{m2} \tag{2.31}$$

$$\underline{\underline{M_{21} = \frac{\mu_0\, a M_0}{2\pi}\, \ell n \frac{r_a}{r_i}}} \tag{2.32}$$

Damit erhalten wir die einheitliche Gegeninduktivität M (M hier nicht Windungszahl):

$$\underline{\underline{M = M_{12} = M_{21} = \frac{\pi_0\, a M_0}{2\pi}\, \ell n \frac{r_a}{r_i}}} \tag{2.33}$$

c. (Selbst)-Induktivitäten

Für die Induktivitäten L_1 und L_2 der Stromkreise „1“ bzw. „2“ erhält man:

$$L_1 = M^2\, G_{m1} = G_{m1} \tag{2.34}$$

(hier: $M^2 = 1$)

$$\underline{\underline{L_1 = \frac{\mu_0\, c}{2\pi}\, \ell n\, \frac{R_a}{R_i}}} \tag{2.35}$$

$$L_2 = M_0^2\, G_{m2} \tag{2.36}$$

$$\underline{\underline{L_2 = \frac{\mu_0\, a\, M_0^2}{2\pi}\, \ell n\, \frac{r_a}{r_i}}} \tag{2.37}$$

2.1.2 Dimensionierungsbeispiel

a) Ermittlung der Verdet-Konstanten

Zur Bestimmung der Gegeninduktivität M und der (Selbst-) Induktivitäten L_1 und L_2 benötigt man die Windungszahl M_0, die mit der gleichgewählten Windungszahl N_0 der LWL-Spulen im Zusammenhang steht. Realisiert wurde $M_0 = N_0 = 1675$.

Auf diese Weise wird der „optische“ Arbeitspunkt, gegeben durch die konstante Faraday-Drehung der Faraday-Rotator-Mirrors von $\frac{\pi}{2}$, eingestellt. Dadurch sichert man, dass sich ein Arbeitspunkt des Photostromes der Photodiode von $I_{phA} \neq 0$ bei ausreichender Empfindlichkeit ergibt, der aber nicht auf die Integratoren wirkt.

Dann wurde eine Probespule mit den Windungszahlen $N_0 = M_0 = 1675$ gebaut, um die Verdet-Konstante V wie folgt zu ermitteln:

Gegeben:	$N_0 = M_0 = 1675$
Messstrom:	$I = 0{,}4\,A$
Gemessen:	Faraday-Drehung: $\alpha = 8^\circ$
Gesucht:	$\tilde{V}, V$
Lösung:	

Verdet – Konstante in °/A: $\underline{\underline{\tilde{V}}} = \frac{\alpha}{N_0\, M_0\, I} = \underline{\underline{7{,}13 \cdot 10^{-6}\,°/A}}$

Verdet – KonstanteimBogenmaß/A: $V = \frac{\pi}{180}\, \tilde{V} = \underline{\underline{1{,}247 \cdot 10^{-7}\, A^{-1}}}$

b) Messung der Kupferwiderstände

im Messgrößenkreis: $R_{cu1} \approx 2\ \text{m}\Omega$

im Messwertkreis: $\underline{\underline{R_{cu2} = R_{cu}}} = \underline{\underline{36{,}2\ \Omega}}$

c) Ermittlung der Induktivitäten

Gegeben:

$M_0 = 1675, \qquad M = 1$

$2\,r_a = 335\ \text{mm}, \quad 2\,r_i = 295\ \text{mm}$

$a \approx 260\ \text{mm}, \quad c = 1{,}2\ \text{m}$

$2\,R_a = 2\ \text{m}, \quad 2\,R_i = 30\ \text{mm}$

$$\mu_0 = 4\,\pi \cdot 10^{-7}\,\frac{\text{Vs}}{\text{Am}}$$

Gesucht: $M, L_1, L_2, ü, L_{\sigma 1}, L_{\sigma 2}$

Lösung:

Gegeninduktivität:

$$M = \frac{\mu_0\, a\, M_0}{2\,\pi}\,\ell n\,\frac{2\,r_a}{2\,r_i}$$

$$\underline{\underline{M = 11{,}32\ \mu\text{H}}}$$

(Selbst–)Induktivitäten:

$$L_1 = \frac{\mu_0\, c}{2\pi}\,\ell n\,\frac{2\,R_a}{2\,R_i}$$

$$\underline{\underline{L_1 = 974\ \text{nH}}}$$

$$L_2 = \frac{\mu_0\, a\, M_0^2}{2\pi}\,\ell n\,\frac{2\,r_a}{2\,r_i}$$

$$\underline{\underline{L_2 = 18{,}96\ \text{mH}}}$$

Übersetzungsverhältnis:

$$\underline{\underline{ü}} = \frac{M}{M_0} = \frac{1}{M_0} = \underline{\underline{6 \cdot 10^{-4}}}$$

Streuinduktivitäten: $L_{\sigma 1} = L_1 - uM$

- im Messgrößenkreis: $\underline{\underline{L_{\sigma 1} = L_\sigma = 967{,}2\ \text{nH}}}$
- im Messwertkreis: $L_{\sigma 2} = L_2 - \frac{1}{ü} M$

$$\underline{\underline{L_{\sigma 2} \approx 0}}$$

2.1.3 Messgrößen-Stromverlauf

Unser Sensor kann als optischer Transformator angesehen werden. Damit gelten die bekannten Transformator-Gleichungen in der Form

$$u_1 = R_{cu1}\, i_1 + L_1 \frac{di_1}{dt} - M \frac{di_2}{dt} \tag{2.38}$$

$$u_2 = M \frac{di_1}{dt} - R_{cu_2} i_2 - L_2 \frac{di_2}{dt} \tag{2.39}$$

Mit $i_2 = ü\, i_1$ wird

$$u_1 = R_{cu2}\, i_1 + \underbrace{(L_1 - ü\, M)}_{=L_{\sigma 1}} \frac{di_1}{dt} \tag{2.40}$$

$$u_2 = -R_{cu2}\, i_2 - \underbrace{\left(L_2 - \frac{1}{ü} M\right)}_{=L_{\sigma 2} \approx 0} \frac{di_2}{dt} \tag{2.41}$$

bzw.

$$u_1 = R_{cu1}\, i_1 + L_{\sigma 1} \frac{di_1}{dt} \tag{2.42}$$

$$u_2 = -R_{cu2}\, i_2 \tag{2.43}$$

Nach der Umbenennung

$$u_1 = u, \quad i_1 = i, \quad R_{cu1} = R_{cu}, \quad L_1 = L, \quad L_{\sigma 1} = L_\sigma \tag{2.44}$$

gilt im Messgrößenkreis folgende DGL für die Messgröße i:

$$L_\sigma \frac{di}{dt} + R_{cu}\, i = u \tag{2.45}$$

Die Lösung dieser DGL erfolgt nun für eine reine 50 Hz-Wechselgröße als Störfunktion der Spannung

$$u = \hat{u} \cos(\omega t) \quad \text{mit} \quad \omega = 2\pi f = 314\, s^{-1} \tag{2.46}$$

und der Zeitkonstanten

$$T_\sigma = \frac{L_\sigma}{R_{cu}} \tag{2.47}$$

Somit gilt:

$$\frac{di}{dt} + \frac{i}{T_\sigma} = \frac{\hat{u}}{L_\sigma} \cos(\omega t) \tag{2.48}$$

Diese lineare DGL mit konstanten Koeffizienten hat die homogene Lösung

$$i_H = K_o \, e^{-\frac{t}{T_\sigma}} \tag{2.49}$$

und die partikuläre Lösung

$$i_p = \frac{\hat{u}}{R_{cu}} \cdot \frac{\cos(\omega t) + \omega T_\sigma \sin(\omega t)}{1 + (\omega T_\sigma)^2} \tag{2.50}$$

i ergibt sich aus der Überlagerung beider Lösungsanteile

$$i = i_p + i_H \tag{2.51}$$

Die Konstante K_0 erhält man aus der Anfangsbedingung

$$i(t=0) = 0 \quad \rightarrow \quad K_0 = -\frac{\hat{u}}{R_{cu}[1 + (\omega T_\sigma)^2]} \tag{2.52}$$

Nach elementaren Umformungen erhalten Sie die Lösung als Messgrößen-Stromverlauf (2.53).

$$\underline{\underline{i(t) = \hat{i}\cos(\omega t + \varphi) - \frac{\hat{i}}{\sqrt{1 + (\omega T_\sigma)^2}} \, e^{-\frac{t}{T_\sigma}}}} \tag{2.53}$$

mit

$$\hat{i} = \frac{\hat{u}}{R_{cu}\sqrt{1 + (\omega T_\sigma)^2}} \tag{2.54}$$

$$\varphi = -\arctan(\omega T_\sigma) \tag{2.55}$$

$$T_\sigma = \frac{L_\sigma}{R_{cu}} \quad \text{und} \quad \omega = 2\pi f = 314\,\text{s}^{-1} \tag{2.56}$$

2.1.4 Kompensation der Wirkung der Gegeninduktivität auf die Verfälschung des Messwertes

a. Herleitung der Dimensionierungsbedingungen

Wie nachfolgend gezeigt wird, verursacht die Gegeninduktivität M einen systematischen Fehler im Messwert, der sich durch die Lag-Glieder in Abb. 1.6 beseitigen lässt.

Ausgangspunkt ist die DGL (2.45), wobei L_σ jetzt ersetzt wird durch

$$L_\sigma = L - \ddot{u}M \tag{2.57}$$

Damit geht (2.45) über in

$$R_{cu}\, i + L\frac{di}{dt} = u + \ddot{u}M\frac{di}{dt} \tag{2.58}$$

Durch Laplace-Transformation von (2.58) erhalten wir bei verschwindendem Anfangswert von i mit der komplexen Frequenz s:

$$\underbrace{(R_{cu} + sL)\, I(s) = U(s)}_{\text{gewünscht}} + \underbrace{\ddot{u}\, sM\, I(s)}_{\text{unerwünscht}} \tag{2.59}$$

Für den Laplace-transformierten Messwert $I_{0\sim}(s)$ gilt, wie später gezeigt

$$I_{0\sim}(s) = \ddot{u}\, I(s) \tag{2.60}$$

und wenn noch die „gewünschte“ Zeitkonstante

$$T = \frac{L}{R_{cu}} \tag{2.61}$$

eingeführt wird, ergibt sich aus (2.59) bis (2.61):

$$I_{0\sim}(s) = \underbrace{\frac{\ddot{u}\, U(s)}{R_{cu}(1 + sT)}}_{\text{gewünscht}} \cdot \underbrace{\frac{1 + sT}{1 + sT_\sigma}}_{\substack{\text{unerwünscht} \\ \text{mit } T_\sigma < T}} \tag{2.62}$$

Das unerwünscht auftretende Lead-Glied mit $T_\sigma < T$ muss durch ein Lag-Glied mit reziproker Systemfunktion in Reihenschaltung kompensiert werden. Die Systemfunktion des Lag-Gliedes lautet also

$$G(s) = \frac{1 + sT_\sigma}{1 + sT} \tag{2.63}$$

und ist identisch mit der Systemfunktion der Lag-Glieder aus der Schaltung in Abb. 1.6, z. B.

$$G(s) = \frac{1 + s\,C_{20}\,R_{50}}{1 + s\,C_{20}(R_{40} + R_{50})} \tag{2.64}$$

Damit gelten die Dimensionierungsbedingungen

$$C_{20}\,R_{50} = T_\sigma \tag{2.65}$$

$$C_{20}\,(R_{40} + R_{50}) = T \tag{2.66}$$

b) Dimensionierung

b1) Berechnung der Zeitkonstanten

Gegeben: $L = 974\ \text{nH}, \quad L_\sigma = 976{,}2\ \text{nH}, \quad R_{cu} = 2\ \text{m}\Omega$

Gesucht: $T, \quad T_\sigma$

Lösung:

$$T = \frac{L}{R_{cu}} = \underline{\underline{0{,}487\ \text{ms}}}$$

$$\underline{\underline{T_\sigma}} = \frac{L_\sigma}{R_{cu}} = \underline{\underline{0{,}483\ \text{ms}}}$$

b2) Dimensionierung des Lag-Gliedes

Gegeben: $T = 0{,}487\ \text{ms}, \quad T_\sigma = 0{,}483\ \text{ms}$

Gesucht: $R_{40}, R_{50}, R_{41}, R_{51}, C_{20}, C_{21}$

Lösung:

$$\underline{\underline{\frac{R_{40}}{R_{50}}}} = \frac{T}{T_\sigma} - 1 = \underline{\underline{0{,}008}}$$

Wahl:

$$\underline{\underline{R_{50} = R_{51}}} = \underline{\underline{1\ \text{k}\Omega}}$$

$$\rightarrow \quad \underline{\underline{R_{40} = R_{41}}} = \underline{\underline{8\ \Omega}}$$

$$\rightarrow \quad C_{20} - C_{21} = \frac{T_\sigma}{R_{50}} = \underline{\underline{483\ \text{nF}}}$$

2.2 Verstärker

2.2.1 Parametergleichungen

Die Parametergleichungen der Verstärker werden am Beispiel des oberen Verstärkers in Abb. 1.6 hergeleitet.

Zur Abtrennung des Arbeitspunktstromes I_{1A} des Messwertes i_1 ist die Betriebsspannung U_- so festzulegen, dass am Emitter des Darlington-Transistors Nullpotential herrscht, wenn die Aussteuerung Null ist. Daraus folgt, auch aus Symmetriegründen

$$-U_- = R_{cu1}\, I_{1A} = U_+ \tag{2.67}$$

Weiterhin muss bei $u_{21} = 0$ und einem bekannten Diodenstrom I_{DA} gelten

$$-U_- = R_{31}\, I_{DA} \tag{2.68}$$

Für eine günstige Verstärkung von − 100 gilt weiterhin

$$\frac{R_{21}}{R_{11}} = 100 \tag{2.69}$$

2.2.2 Dimensionierungsbeispiel

a. Dimensionierung der Widerstände

Gegeben: $I_{1A} = I_{0A} = 0{,}5\ \text{A}, \quad I_{DA} = 6\ \text{mA}, \quad R_{cu1} = R_{cu0} \approx 36\ \Omega$

Gesucht: $U_+ = -U_-, \quad R_{30} = R_{31}, \quad R_{20} = R_{21}, \quad R_{10} = R_{11}$

Lösung:

$$U_+ = -U_- = R_{cu0}\, I_{0A} = R_{cu1}\, I_{1A}$$

$$\underline{\underline{U_+ = -U_- = 18\ \text{V}}}$$

$$R_{30} = R_{31} = \frac{U_+}{I_{DA}} = \frac{-U_-}{I_{DA}}$$

$$\underline{\underline{R_{30} = R_{31} = 3\ \text{k}\Omega}}$$

$$\frac{R_{20}}{R_{10}} = \frac{R_{21}}{R_{11}} = 100$$

Wahl: $\underline{\underline{R_{20} = R_{21} = 100\,\text{k}\Omega}}$

$\underline{\underline{R_{10} = R_{11} = 1\,\text{k}\Omega}}$

b. Ermittlung der Aussteuerung

Gegeben: $R_{cu0} = R_{cu} = 36\,\Omega$, $2\,U_{BEA} = 1{,}4\,\text{V}$, $U_+ = 18\,\text{V}$, $\ddot{u} = 6 \cdot 10^{-4}$

Gesucht: $\hat{i}_{0\sim} = \hat{i}_{1\sim}$, $\hat{i}$, $\hat{u}_{30} = \hat{u}_{31} = \hat{u}_{20} = \hat{u}_{21}$, $\hat{u}_{10} = \hat{u}_{11}$

Lösung: $$\hat{i}_{0\sim} = \hat{i}_{1\sim} = \frac{U_+ - 2\,U_{BEA}}{R_{cu0}}$$

$$\underline{\underline{\hat{i}_{0\sim} = \hat{i}_{1\sim} = 0{,}461\,\text{A}}}$$

$$\hat{i} = \frac{\hat{i}_{0\sim}}{\ddot{u}} = \frac{\hat{i}_{1\sim}}{\ddot{u}}$$

$$\underline{\underline{\hat{i} = 768{,}5\,\text{A}}}$$

$$\hat{u}_{30} = \hat{u}_{31} = \hat{u}_{20} = \hat{u}_{21} = R_{cu0}\,\hat{i}_{0\sim} = R_{cu1}\,\hat{i}_{1\sim}$$

$$\underline{\underline{\hat{u}_{30} = \hat{u}_{31} = \hat{u}_{20} = \hat{u}_{21}}} = \underline{\underline{16{,}6\,\text{V}}}$$

$$\underline{\underline{\hat{u}_{10} = \hat{u}_{11}}} = \frac{\hat{u}_{30}}{100} = \underline{\underline{166\,\text{mV}}}$$

2.3 Photodiode

2.3.1 Parametergleichungen

Unter Bezug auf Abb. 1.1 und 1.6 sowie auf die weiterführende Literatur lässt sich für den gesamten Photodiodenstrom die Gleichung

$$i_{ph} = K_{ph}\left(\ddot{u}\,i + \frac{i_1 - i_0}{2} + I_{opt}\right)^2 \tag{2.70}$$

bei eliminierter Doppelbrechung herleiten.

Darin ist K_{ph} die Konstante

$$K_{ph} = 2\,S_E\,P_{in}\,V^2\,N_0^2\,M_0^2\,10^{-\frac{a_{opt}}{10\,\text{dB}}} \tag{2.71}$$

mit

S_E	Photoempfindlichkeit
P_{in}	konstante optische Leistung der Laserdiode
V	Verdet-Konstante
N_0	Windungszahl der LWL-Spulen
M_0	Windungszahl der elektromagnetischen Spulen
a_{opt}	optische Gesamtdämpfung (messbar)
I_{opt}	ist der elektrische Strom, der dem „optischen" Arbeitspunkt von $\frac{\pi}{2}$ mit

$$I_{opt} = \frac{\pi}{4\, V\, N_0\, M_0} \tag{2.72}$$

entspricht.

Aus (2.70) folgt mit

$$i_0 = i_{0\sim} + I_{0A} \tag{2.73}$$

$$i_1 = i_{1\sim} + I_{1A} \tag{2.74}$$

und

$$I_A = I_{1A} = I_{0A} \tag{2.75}$$

auch die Darstellung für den Photostrom

$$i_{ph} = K_{ph} \left(\ddot{u}\, i + \frac{i_{1\sim} - i_{0\sim}}{2} + I_{opt} \right)^2, \tag{2.76}$$

d. h. die „elektrischen" Arbeitspunkte kompensieren sich bei Gültigkeit von (2.75).

Eine Taylor-Reihenentwicklung von (2.76) ergibt im Punkt I_{opt} das Taylor-Polynom

$$i_{ph} = \underbrace{K_{ph}\, I_{opt}^2}_{= I_{phA}} + 2\, K_{ph}\, I_{opt} \left(\ddot{u}\, i + \frac{i_{1\sim} - i_{0\sim}}{2} \right) + K_{ph} \left(\ddot{u}\, i + \frac{i_{1\sim} - i_{0\sim}}{2} \right)^2 \tag{2.77}$$

Hierin bildet sich der Photostrom im Arbeitspunkt zu

$$I_{phA} = K_{ph}\, I_{opt}^2 = \frac{U_+}{R_{ph}} \tag{2.78}$$

und mit

$$i_{ph} = i_{ph\sim} + I_{phA} \tag{2.79}$$

gilt für die Aussteuerung

$$i_{ph\sim} = 2\,K_{ph}\,I_{opt}\left(\ddot{u}\,i + \frac{i_{1\sim} - i_{0\sim}}{2}\right) + K_{ph}\left(\ddot{u}\,i + \frac{i_{1\sim} - i_{0\sim}}{2}\right)^2 \tag{2.80}$$

2.3.2 Dimensionierungsbeispiel

Gegeben: $S_E = 0{,}8\,\frac{A}{W}$, $P_{in} = 1{,}25\,\text{mW}$, $V = 1{,}247 \cdot 10^{-7}\,A^{-1}$,

$N_0 = M_0 = 1675$, $U_+ = 1\,V$, $\ddot{u} = 6 \cdot 10^{-4}$, $a_{opt} = 30\,\text{dB}$,

$\hat{i} = 768{,}5\,A$

Gesucht: K_{ph}, I_{opt}, I_{phA}, R_{ph}

Lösung:

$$K_{ph} = 2\,S_E\,P_{in}\,V^2\,N_0^2\,M_0^2\,10^{-\frac{a_{opt}}{10\,\text{dB}}}$$

$$\underline{\underline{K_{ph} = 2{,}45 \cdot 10^{-7}\,A^{-1}}}$$

$$\underline{\underline{I_{opt}}} = \frac{\pi}{4V\,N_0\,M_0} = \underline{\underline{2{,}25\,A}}$$

$$\underline{\underline{I_{phA}}} = K_{ph}\,I_{opt}^2 = \underline{\underline{1{,}24\,\mu A}}$$

$$\underline{\underline{R_{ph}}} = \frac{U_+}{I_{phA}} = \underline{\underline{806{,}5\,k\Omega}}$$

2.4 Integratoren

2.4.1 Parametergleichungen

Für die Integratoren gilt aus Symmetriegründen für noch „offene“ Regelkreise im Zeitpunkt τ nach dem Einschalten bei $t = 0$:

$$u_{10}(\tau) = \frac{1}{C_{10}}\int_0^{\tau} i_{ph0}\,dt = \frac{1}{2C_{10}}\int_0^{\tau} i_{ph\sim}dt \tag{2.81}$$

$$u_{11}(\tau)=\frac{1}{C_{11}}\int_0^{\tau} i_{ph1}\,dt = \frac{1}{2C_{11}}\int_0^{\tau} i_{ph\sim}dt \tag{2.82}$$

Bis zum Verstreichen der Laufzeit τ bezüglich der Signalfortpflanzung durch die Spulenanordnung folgt aus (2.80) bei sinusförmigem Verlauf der Messgröße i für die Aussteuerung des Photostromes

$$i_{ph\sim}(t)=2\,K_{ph}\,I_{opt}\,\ddot{u}\hat{i}\sin(\omega t)+K_{ph}\,(\ddot{u}\hat{i})^{2}\sin^{2}(\omega t) \tag{2.83}$$

Aus der Leitungstheorie wissen wir, dass die Geschwindigkeit einer Welle nur durch die Permeabilität und die Dielektrizitätskonstante der Anordnung bestimmt ist. Die zur Berechnung der Laufzeit τ benötigte wirksame Länge ℓ ergibt sich hier aus der Länge der Drähte der Kupferspulen, weil an allen Stellen des jeweiligen LWL das kompensierende Magnetfeld des jeweiligen Messwertes zusätzlich zum Magnetfeld der Messgröße im „worst case" aufgebaut sein muss.

Somit gilt für die Laufzeit

$$\tau=\frac{n}{c}\ell \tag{2.84}$$

mit

- τ Laufzeit im „worst case"
- n optische Kernbrechzahl des jeweiligen LWL
- c Lichtgeschwindigkeit im Vakuum
- ℓ Kupferlänge der jeweiligen elektromagnetischen Spule

Durch Einsetzen von (2.83) in z. B. (2.81), Integration von (2.81), Substitution von $u_{10}(\tau)$ durch $\hat{u}_{10}$ und Auflösung nach C_{10} erhält man die Dimensionierungsbedingung (2.85), die aus Symmetriegründen gleichermaßen für C_{11} gilt.

$$C_{10}=C_{11}=\frac{K_{ph}I_{opt}\ddot{u}\hat{i}}{\omega\hat{u}_{10}}[1-\cos(\omega\tau)]+\frac{K_{ph}(\ddot{u}\hat{i})^{2}}{4\hat{u}_{10}}\left[\tau-\frac{1}{\omega}\sin(2\omega\tau)\right] \tag{2.85}$$

2.4.2 Dimensionierungsbeispiel

Gegeben: $\ell = 1\ \text{km},\ c = 3 \cdot 10^5 \text{km/s},\ \omega = 314\ \text{s}^{-1},\ n = 1{,}5$

$K_{ph} = 2{,}45 \cdot 10^{-7}\ \text{A}^{-1},\ I_{opt} = 2{,}25\ \text{A},$

$\hat{u}_{10} = \hat{u}_{11} = 166\ \text{mV},\ ü = 6 \cdot 10^{-4}, \hat{i} = 768{,}5\ \text{A}$

Gesucht: $\tau,\ i_{ph\sim}(\tau),\ C_{10} = C_{11}$

Lösung: $\underline{\underline{\tau}} = \frac{n}{c}\ell = \underline{\underline{5\ \mu\text{s}}}$

$$\underline{\underline{i_{ph\sim}(\tau)}} = 2\, K_{ph}\, I_{opt}\, ü\hat{i} \sin(\omega\tau) + K_{ph}\, (ü\hat{i})^2 \sin^2(\omega\tau) = \underline{\underline{798\ \text{pA}}}$$

$$C_{10} = C_{11} = \frac{K_{ph} I_{opt} ü\hat{i}}{\omega \hat{u}_{10}}\left[1 - \cos(\omega\tau)\right] + \frac{K_{ph}(ü\hat{i})^2}{4\hat{u}_{10}}\left[\tau - \frac{1}{\omega}\sin(2\,\omega\tau)\right]$$

$$\underline{\underline{C_{10} = C_{11}}} = \underline{\underline{79\ \text{nF}}}$$

Riccati-Differenzialgleichungen 3

In diesem Kapitel finden Sie die theoretischen Beweise für den linearen Zusammenhang zwischen dem jeweiligen Messwert und der Messgröße des vorgelegten reflektierenden Faraday-Effekt-Stromsensors. Es wird gezeigt, dass dieser lineare Zusammenhang der trivialen Lösung homogener Riccati-Differenzialgleichungen bei eliminierter Doppelbrechung entspricht.

3.1 Herleitung der Differenzialgleichungen (DGL)

Zur Herleitung der Riccati-Differenzialgleichungen betrachten wir Abb. 1.6.

Es gilt:

$$u_{11} = \frac{1}{C_{11}} \int i_{ph1}\, dt \tag{3.1}$$

$$u_{10} = \frac{1}{C_{10}} \int i_{ph0}\, dt \tag{3.2}$$

$$u_{11} + u_{10} = \frac{1}{C_{10}} \int \underbrace{(i_{ph0} + i_{ph1})}_{=i_{ph\sim}}\, dt \tag{3.3}$$

$$\text{mit} \quad C_{10} = C_{11} \tag{3.4}$$

R. Thiele, *Design eines Faraday-Effekt-Stromsensors,* essentials,
DOI 10.1007/978-3-658-10098-8_3

$$u_{11} + u_{10} = \frac{1}{C_{10}} \int i_{ph\sim}\, dt \qquad (3.5)$$

$$u_{31} = u_{21} = -\frac{R_{21}}{R_{11}} u_{11} \qquad (3.6)$$

$$u_{30} = u_{20} = -\frac{R_{20}}{R_{10}} u_{10} \qquad (3.7)$$

$$\text{mit } R_{11} = R_{10} \quad \text{und} \quad R_{21} = R_{20} \qquad (3.8)$$

$$u_{31} + u_{30} = u_{21} + u_{20} = -\frac{R_{20}}{R_{10}} (u_{11} + u_{10}) \qquad (3.9)$$

$$= -\frac{R_{20}}{R_{10}\, C_{10}} \int i_{ph\sim}\, dt \qquad (3.10)$$

$$i_1 = \frac{u_{31}}{R_{Cu1}} \qquad (3.11)$$

$$i_0 = \frac{u_{30}}{R_{Cu0}} \qquad (3.12)$$

$$\text{mit } R_{Cu1} = R_{Cu0} \qquad (3.13)$$

$$i_1 + i_0 = \frac{u_{31} + u_{30}}{R_{Cu0}} = -\frac{R_{20}}{R_{10}} \frac{1}{C_{10}\, R_{Cu0}} \int i_{ph\sim}\, dt \qquad (3.14)$$

Mit

$$i_{ph\sim} = 2K_{ph}\, I_{opt} \left(\ddot{u}i + \frac{i_1 - i_0}{2} \right) + K_{ph} \left(\ddot{u}i + \frac{i_1 - i_0}{2} \right)^2 \qquad (3.15)$$

folgt aus (3.14):

$$\frac{di_1}{dt} + \frac{di_0}{dt} = -\frac{R_{20}}{R_{10}} \frac{1}{R_{Cu0}\, C_{10}} \left[2K_{ph} I_{opt} \left(\ddot{u}i + \frac{i_1 - i_0}{2} \right) + K_{ph} \left(\ddot{u}i + \frac{i_1 - i_0}{2} \right)^2 \right] \qquad (3.16)$$

Mit den Konstanten

$$K_1 = \frac{R_{20}}{R_{10}} \cdot \frac{K_{ph}\, I_{opt}}{R_{Cu0}\, C_{10}} \tag{3.17}$$

$$K_2 = \frac{R_{20}}{R_{10}} \cdot \frac{K_{ph}}{4\, R_{Cu0}\, C_{10}} \tag{3.18}$$

folgt

$$\frac{di_1}{dt} + \frac{di_0}{dt} = -2\, K_1 \left(\ddot{u}i + \frac{i_1 - i_0}{2} \right) - 4\, K_2 \left(\ddot{u}i + \frac{i_1 - i_0}{2} \right)^2 \tag{3.19}$$

Erweitern der linken Seite von (3.19) mit $\pm\frac{d(\ddot{u}i)}{dt}$ und Umformen der rechten Seite ergibt bei Berücksichtigung von (2.73) bis (2.75):

$$\begin{aligned} \frac{d(\ddot{u}i + i_{1\sim})}{dt} - \frac{d(\ddot{u}i - i_{0\sim})}{dt} &= -K_1(\ddot{u}i + i_{1\sim}) - K_1(\ddot{u}i - i_{0\sim}) \\ &-K_2(\ddot{u}i + i_{1\sim})^2 - 2\, K_2(\ddot{u}i + i_{1\sim})(\ddot{u}i - i_{0\sim}) - K_2(\ddot{u}i - i_{0\sim})^2 \end{aligned} \tag{3.20}$$

Mit den Substitutionen

$$v = \ddot{u}i - i_{0\sim} \tag{3.21}$$

$$\text{und } w = \ddot{u}i + i_{1\sim} \tag{3.22}$$

erhält man schließlich die Sensor-DGL:

$$\frac{dw}{dt} + (K_1 + K_2 v)w + K_2 w^2 = \frac{dv}{dt} - (K_1 + K_2 w)v - K_2 v^2 \tag{3.23}$$

Für v=0 einerseits und w=0 andererseits ergeben sich zwei homogene Riccati-DGL:

$$v = 0: \quad \frac{dw_H}{dt} + K_1 w_H + K_2 w_H^2 = 0 \tag{3.24}$$

$$w = 0: \quad \frac{dv_H}{dt} - K_1 v_H - K_2 v_H^2 = 0 \tag{3.25}$$

3.2 Lösungen der Riccati-DGL

Wir wollen nun die homogene Riccati-DGL (3.25) durch Trennung der Veränderlichen lösen:

$$\int \frac{dv_H}{K_1 v_H + K_2 v_H^2} = \int dt + K \tag{3.26}$$

$$\ell n \left| \frac{K_2 v_H}{K_2 v_H + K_1} \right| = K_1 t + K_v; \quad K_v = K_1 \, K \tag{3.27}$$

Auflösen nach v_H ergibt die homogene Lösung

$$\underline{\underline{v_H = \frac{K_1}{K_2} \cdot \frac{e^{K_v + K_1 t}}{1 - e^{K_v + K_1 t}}}} \tag{3.28}$$

Bei Applikation der Substitutionen

$$K_1 \to -K_1; \quad K_2 \to -K_2; \quad K_v \to K_w \tag{3.29}$$

erhält man die Lösung der anderen homogenen Riccati-DGL für w_H nach (3.30).

$$\underline{\underline{w_H = \frac{K_1}{K_2} \cdot \frac{e^{K_w - K_1 t}}{1 - e^{K_w - K_1 t}}}} \tag{3.30}$$

Durch Variation der Konstanten

$$K_v = K_v(t) \tag{3.31}$$

$$K_w = K_w(t) \tag{3.32}$$

erfolgt nun mit den Ansätzen

$$v(t) = \frac{K_1}{K_2} \cdot \frac{e^{K_v(t) + K_1 t}}{1 - e^{K_v(t) + K_1 t}} \tag{3.33}$$

$$w(t) = \frac{K_1}{K_2} \cdot \frac{e^{K_w(t) - K_1 t}}{1 - e^{K_w(t) - K_1 t}} \tag{3.34}$$

die Lösung der Sensor-DGL (3.23).

Es gilt:

$$\frac{dv}{dt} = \frac{K_1}{K_2} \cdot \frac{\left(\frac{dK_v}{dt} + K_1\right) e^{K_v(t)+K_1 t}}{(1 - e^{K_v(t)+K_1 t})^2} \tag{3.35}$$

$$\frac{dw}{dt} = \frac{K_1}{K_2} \cdot \frac{\left(\frac{dK_w}{dt} - K_1\right) e^{K_w(t)-K_1 t}}{(1 - e^{K_w(t)-K_1 t})^2} \tag{3.36}$$

Wie nachfolgend gezeigt, lässt sich die Sensor-DGL mit

$$\frac{dv}{dt} = 0 \tag{3.37}$$

und

$$\frac{dw}{dt} = 0 \tag{3.38}$$

erfüllen. Daraus folgt

$$\frac{dK_v}{dt} + K_1 = 0 \rightarrow \underline{\underline{K_v(t) = -K_1 t + C_v}} \tag{3.39}$$

$$\frac{dK_w}{dt} - K_1 = 0 \rightarrow \underline{\underline{K_w(t) = K_1 t + C_w}} \tag{3.40}$$

Somit verbleibt als Rest von (3.23)

$$(K_1 + K_2 v)w + K_2 w^2 = -(K_1 + K_2 w)v - K_2 v^2 \tag{3.41}$$

Einsetzen von (3.39) und (3.40) in (3.33) und (3.34) ergibt

$$v = \frac{K_1}{K_2} \cdot \frac{e^{C_v}}{1 - e^{C_v}} = \text{const.} \tag{3.42}$$

$$w = \frac{K_1}{K_2} \cdot \frac{e^{C_w}}{1 - e^{C_w}} = \text{const.} \tag{3.43}$$

Einsetzen von (3.42) und (3.43) in (3.41) führt zu

$$\left(1+\frac{e^{C_v}}{1-e^{C_v}}\right)\frac{e^{C_w}}{1-e^{C_w}}+\frac{e^{2C_w}}{(1-e^{C_w})^2}=-\left(1+\frac{e^{C_w}}{1-e^{C_w}}\right)\frac{e^{C_v}}{1-e^{C_v}}-\frac{e^{2C_v}}{(1-e^{C_v})^2} \tag{3.44}$$

(3.44) wird erfüllt für

$$\underline{\underline{C_v=-\infty}} \text{ und } \underline{\underline{C_w=-\infty}} \tag{3.45}$$

Damit gilt

$$v=0=\ddot{u}i-i_{0\sim} \tag{3.46}$$

$$w=0=\ddot{u}i+i_{1\sim} \tag{3.47}$$

Somit erhalten wir die Lösungen der Sensor-DGL

$$\underline{\underline{i_{0\sim}=\ddot{u}i}} \tag{3.48}$$

$$\underline{\underline{i_{1\sim}=-\ddot{u}i}} \tag{3.49}$$

jeweils als linearer Zusammenhang zwischen Messwert und Messgröße ohne störende Doppelbrechung der Lichtwellenleiter. In (3.48) und (3.49) stellt ü das konstante Übersetzungsverhältnis dar.

Setzt man (3.39) und (3.40) mit der Bedingung (3.45) in (3.28) und (3.30) ein, erkennt man, dass die homogenen Lösungen unserer Riccati-Differentialgleichungen (3.24) sowie (3.25) gleich den trivialen Lösungen sind. Es gilt also

$$v_H=0 \quad \text{und} \quad w_H=0 \tag{3.50}$$

3.3 Beispiele

Als erstes Beispiel betrachten wir

$$i(t)=\hat{i}\sin(\omega t) \tag{3.51}$$

als zu messendes Signal, und damit gilt der proportionale Zusammenhang zwischen Messwert und Messgröße

$$\underline{\underline{i_{0\sim}=\ddot{u}i=\ddot{u}\,\hat{i}\sin(\omega t)}} \tag{3.52}$$

und

$$\underline{\underline{i_{1\sim} = -\ddot{u}i = -\ddot{u}\,\hat{i}\sin(\omega t)}} \tag{3.53}$$

Das zweite Beispiel beinhaltet den Messgrößen-Stromverlauf (2.53) mit der Anfangsbedingung (2.52). Wir erhalten

$$\underline{\underline{i_{0\sim}(t) = \ddot{u}\,\hat{i}\cos(\omega t + \varphi) - \frac{\ddot{u}\,\hat{i}}{\sqrt{1+(\omega T_\sigma)^2}}\,e^{-\frac{t}{T_\sigma}}}} \tag{3.54}$$

$$\underline{\underline{i_{1\sim}(t) = -\ddot{u}\,\hat{i}\cos(\omega t + \varphi) + \frac{\ddot{u}\,\hat{i}}{\sqrt{1+(\omega T_\sigma)^2}}\,e^{-\frac{t}{T_\sigma}}}} \tag{3.55}$$

(3.54) und (3.55) lehren, dass bei entsprechenden Einschaltbedingungen sowohl der Einschwingvorgang als auch der stationäre Zustand gemessen werden kann.

4 Zusammenfassung

Im Zusammenwirken einer ersten Idee, der Kreation eines „optischen" Transformators einerseits, und der zweiten Idee, der Verwendung von partiell „optischen" Regelkreisen andererseits, wurde die zielführende Zusammenschaltung der optischen und elektronischen Komponenten zu einem Faraday-Effekt-Stromsensor durch den Autor erfunden. Das vorliegende Werk beinhaltet das vollständige Design dieses Stromsensors mit Beweisen dafür, dass er die gewünschten theoretischen Eigenschaften besitzt.

Auf der Grundlage unserer Erfindungen vom November 2010 und August 2011 mit der Bezeichnung:

> Verfahren und Schaltungsanordnung eines faseroptischen Stromsensors zur Messung elektrischer Ströme mit automatischer Kompensation der Doppelbrechung und streng linearer Beziehung zwischen Messwerten und Messgröße

wurde ein Stromsensor, basierend auf dem Faraday-Effekt zur Polarisations-Ebenen-Drehung linear polarisierten Lichtes in Lichtwellenleitern (LWL) mit Spulen als Sensorelemente und einer elektronischen Schaltungsanordnung zur Signalverarbeitung theoretisch untersucht und praktisch aufgebaut. Ein Patent auf diesen Stromsensor befindet sich in der Anmeldephase.

R. Thiele, *Design eines Faraday-Effekt-Stromsensors,* essentials,
DOI 10.1007/978-3-658-10098-8_4

Erfindungsgemäß zeichnet sich der Stromsensor durch einen linearen Zusammenhang zwischen Messwerten und Messgröße aus und ist in der Lage, sowohl Gleich- als auch Wechselströme in Abhängigkeit von seiner Dimensionierung zu messen und könnte in der Galvanik oder Elektroenergieversorgung umweltschonend eingesetzt werden. Die Doppelbrechung realer Lichtwellenleiter, die vermindernd auf die Effizienz des Faraday-Effektes wirkt, wird auf Grund des erfindungsgemäßen Konstruktionsprinzips aus der linearen Beziehung zwischen Messwerten und Messgröße eliminiert.

Der Faraday-Effekt konnte in den Sensorelementen, bestehend aus Lichtwellenleiter- und elektromagnetischen Spulen, mit einer genügend großen Effizienz nachgewiesen werden.

Auch die elektronische Schaltungsanordnung zur Signalverarbeitung, bestehend aus Photodiode, Integratoren und Verstärkern sowie Lag-Gliedern funktioniert wunschgemäß.

Die nachfolgenden Abbildungen zeigen wesentliche Teile unseres Versuchsaufbaus (Abb. 4.1, 4.2 und 4.3).

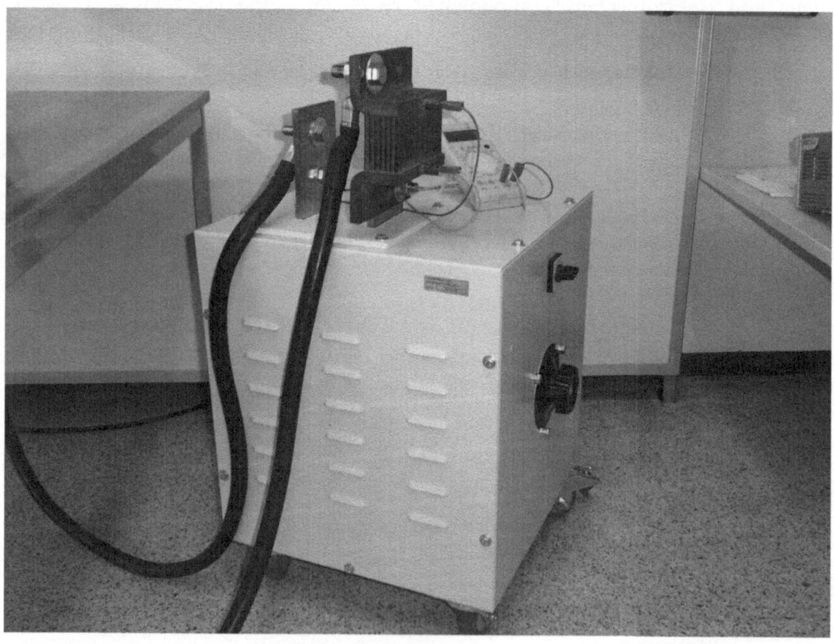

Abb. 4.1 Hochstrom-Transformator zur Erzeugung der Messgröße. (Foto Pohl)

Abb. 4.2 Reflektierender Faraday-Effekt-Stromsensor. (Foto Pohl)

Als Ausblick wird angegeben, dass dieser reflektierende Faraday-Effekt-Stromsensor umfangreichen praktischen Tests unterzogen werden soll, um Schwachstellen in dessen Funktion erkennen zu können.

Abb. 4.3 Optischer Teil des Stromsensors mit Polarisations-Messgerät. (Foto Pohl)

Was sie aus diesem Essential mitnehmen können

- Einsichten in das Funktionsprinzip eines faseroptischen Stromsensors
- Dimensionierungsbeispiele für die Sensorkomponenten
- Applikationsbeispiele zum elektrotechnischen Grundlagenwissen
- Methoden zur Lösung linearer und nichtlinearer Differenzialgleichungen

R. Thiele, *Design eines Faraday-Effekt-Stromsensors*, essentials,
DOI 10.1007/978-3-658-10098-8

Weiterführende Literatur

Thiele, R.: Systemtheoretische Grundlagen der Lichtwellenleitertechnik. Studienheft ITI 7. Private Fern-Fachhochschule Darmstadt (1997)

Thiele, R.: Systemtheoretische Grundlagen der Lichtwellenleitertechnik. Studienheft ITI 8. Private Fern-Fachhochschule Darmstadt (1998)

Thiele, R.: Optische Nachrichtensysteme und Sensornetzwerke. Ein systemtheoretischer Zugang. Vieweg Verlag, Braunschweig (2002)

Thiele, R.: Schaltungsanordnung zur Messung elektrischer Ströme in elektrischen Leitern mit Lichtwellenleitern. Deutsches Patent- und Markenamt, Nr. 102005003200 (19. April 2007)

Thiele, R.: Schaltungsanordnung zur Messung elektrischer Ströme in elektrischen Leitern mit Lichtwellenleitern. Deutsches Patent- und Markenamt, Nr. 102006002301 (15. November 2007)

Thiele, R.: Optische Netzwerke. Ein feldtheoretischer Zugang. Vieweg Verlag, Wiesbaden (2008)

Thiele, R.: Transmittierender Faraday-Effekt-Stromsensor. Springer, Wiesbaden (2015)

Thiele, R.: Reflektierender Faraday-Effekt-Stromsensor. Springer, Wiesbaden (2015)

Thiele, R., Benedix, W.S.: Schaltungsanordnung eines optischen Nachrichtensystems zur Übertragung der z-Komponente der elektrischen Verschiebungsflussdichte und deren Auswertung mit einem z-Komponenten-Analysator auf der Empfangsseite. Offenlegungsschrift, Deutsches Patent- und Markenamt, DE 10327881A12005.01.05

Thiele, R., Benedix, W.S., Nette, R.: Einrichtung und Verfahren zur Übertragung von Lichtsignalen in Lichtwellenleitern. Deutsches Patent- und Markenamt, Nr. 112004002889 (29. April 2010)

R. Thiele, *Design eines Faraday-Effekt-Stromsensors*, essentials,
DOI 10.1007/978-3-658-10098-8